350 ejercicios de
reparto
para 1º de Primaria
II

Proyecto Aristóteles

Copyright © 2014 Proyecto Aristóteles
Todos los derechos reservados.

Quedan prohibidos, dentro de los límites establecidos en la ley y bajo los apercibimientos legalmente previstos, la preproducción total o parcial de esta obra por cualquier medio o procedimiento, ya sea electrónico o mecánico, el tratamiento informático, el alquiler o cualquier otra forma de cesión de la obra sin la autorización previa y por escrito de los titulares del copyright.

ISBN: 1495918688
ISBN-13: 978-1495918681

Para Alicia y Coral.

CONTENIDOS

Para comenzar   i
1   Ejercicios   1

PARA COMENZAR

El blasón del Proyecto Aristóteles es el proverbio *usus, magíster egregius* (la práctica es el mejor maestro). El dominio de cualquier disciplina, incluidas las matemáticas, sólo puede adquirirse a través del ejercicio variado y constante. Éste es el motivo por el cual presentamos nuestra serie especial de ejercicios de reparto para Primero de Primaria. El presente volumen está dedicado a ejercitar el conocimiento de:

- Sumas y restas.
- Ejercicios con decenas y unidades.
- Atención y memoria.
- Series y relaciones de números.
- Las figuras geométricas.
- Número anterior y posterior.
- Operaciones con incógnitas.

Rodea una decena y completa.

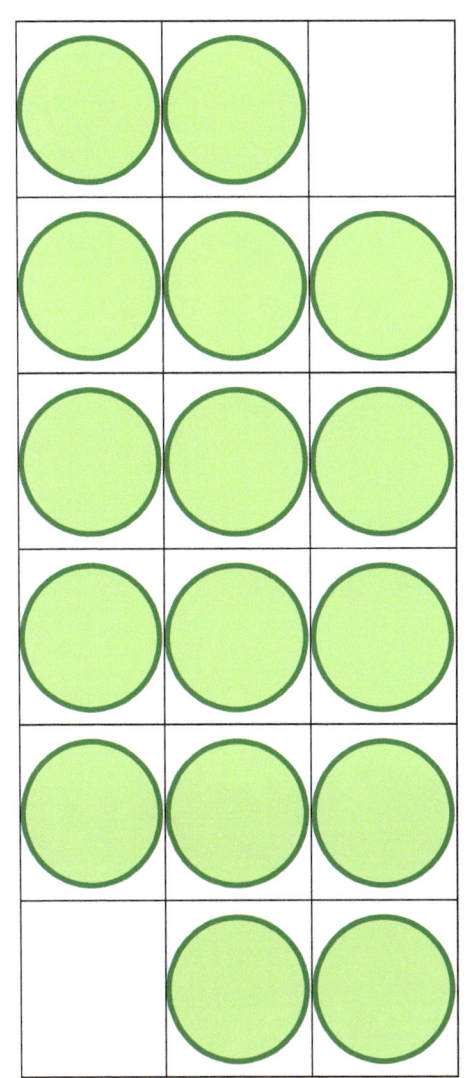

Hay _____ decena y _____ unidades.

Escribe el número anterior y posterior.

35 _____ 33 _____ 31

25 _____ 23 _____ 21

7 _____ 5 _____ 3

11 _____ 9 _____ 7

Cuenta y responde a las preguntas.

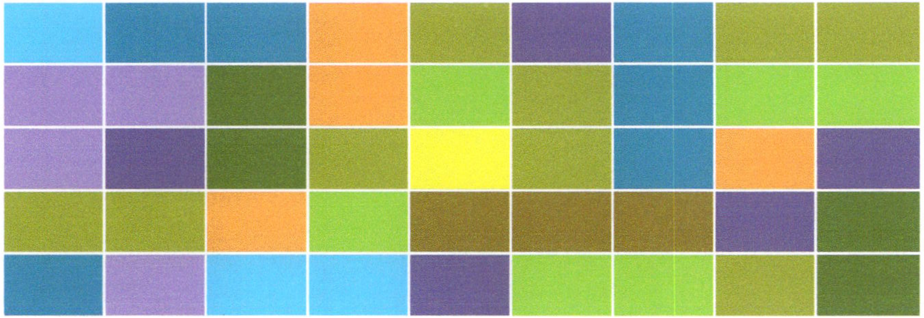

Hay ☐ cuadrados.

Hay ☐ cuadrados.

Hay ☐ cuadrados.

Hay ☐ cuadrados.

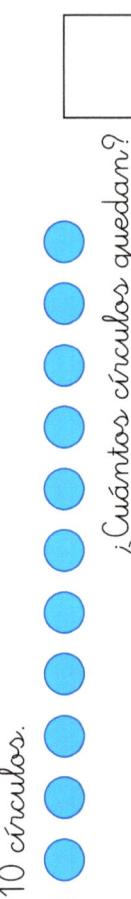

Tacha 6 círculos. ¿Cuántos círculos quedan?

Tacha 10 círculos. ¿Cuántos círculos quedan?

Tacha 4 círculos. ¿Cuántos círculos quedan?

Representa lo indicado.

D	U
25	

D	U
87	

D	U
18	

D	U
43	

Completa dibujando el número de círculos necesario.

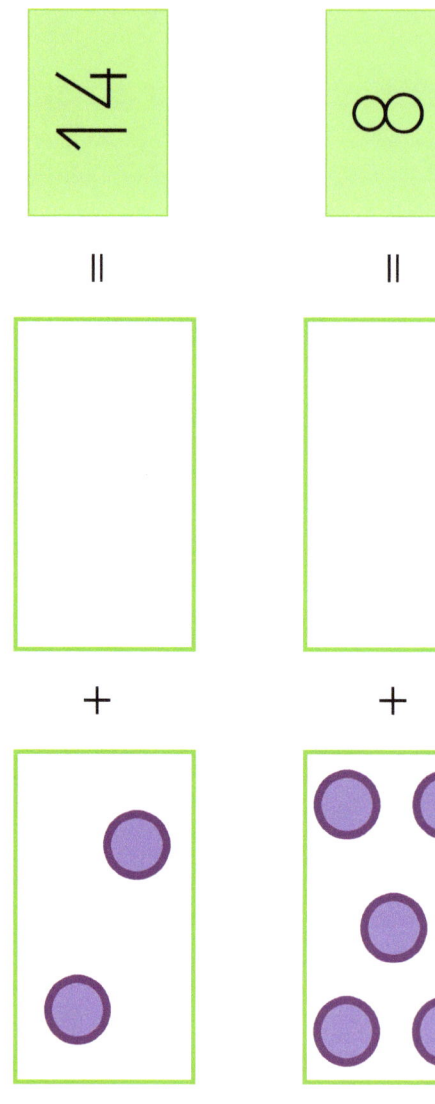

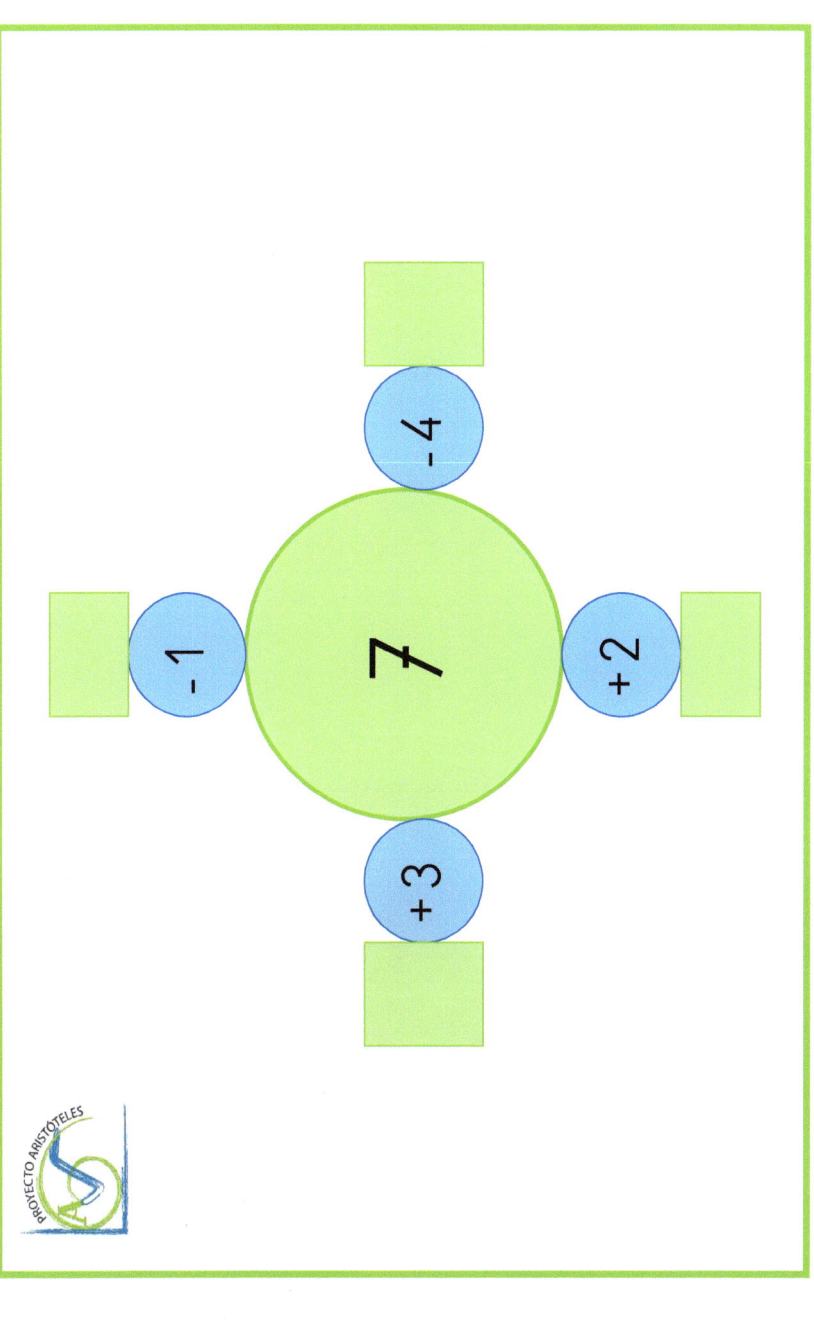

¿Cuántas mandarinas hay?

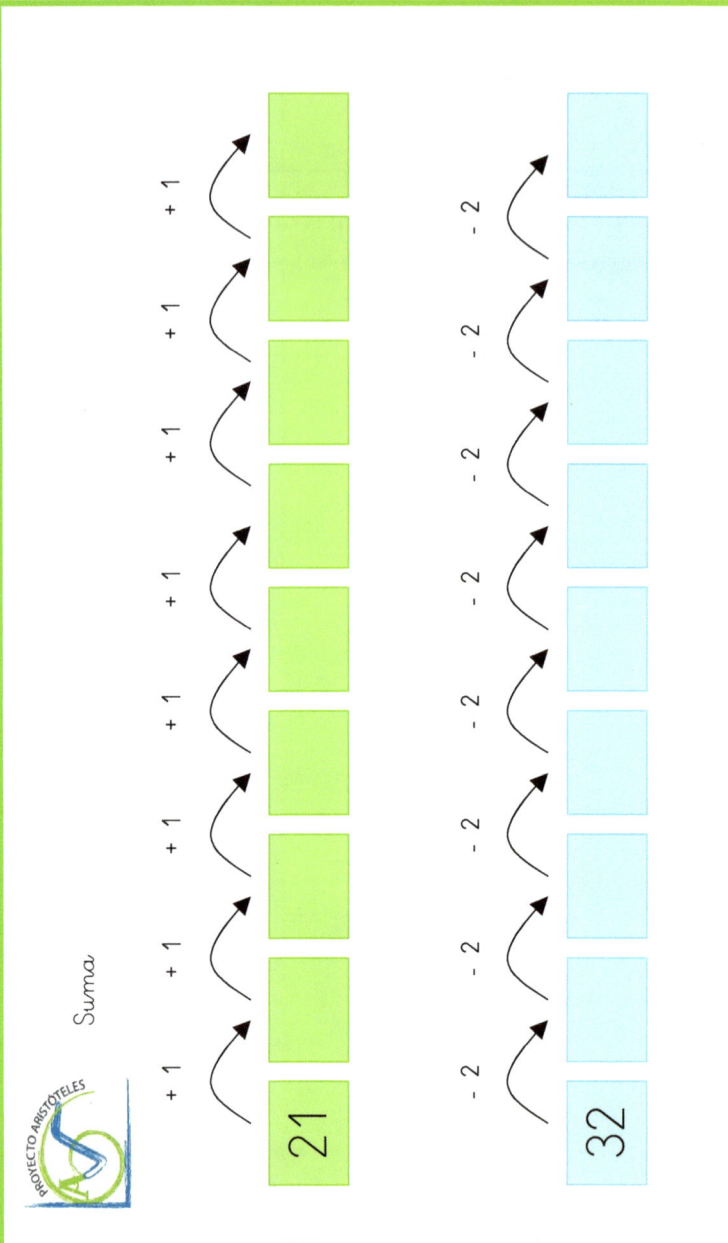

Cuenta y responde a las preguntas.

Hay ☐ cuadrados.

Hay ☐ cuadrados.

Hay ☐ cuadrados.

Hay ☐ cuadrados.

Tacha 2 círculos. ¿Cuántos círculos quedan?

Tacha 3 círculos. ¿Cuántos círculos quedan?

Tacha 6 círculos. ¿Cuántos círculos quedan?

Representa lo indicado.

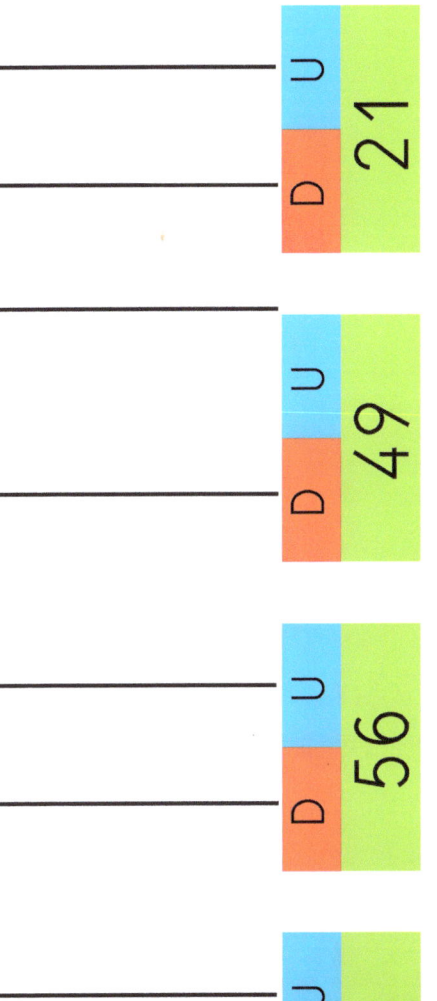

Completa dibujando el número de círculos necesario.

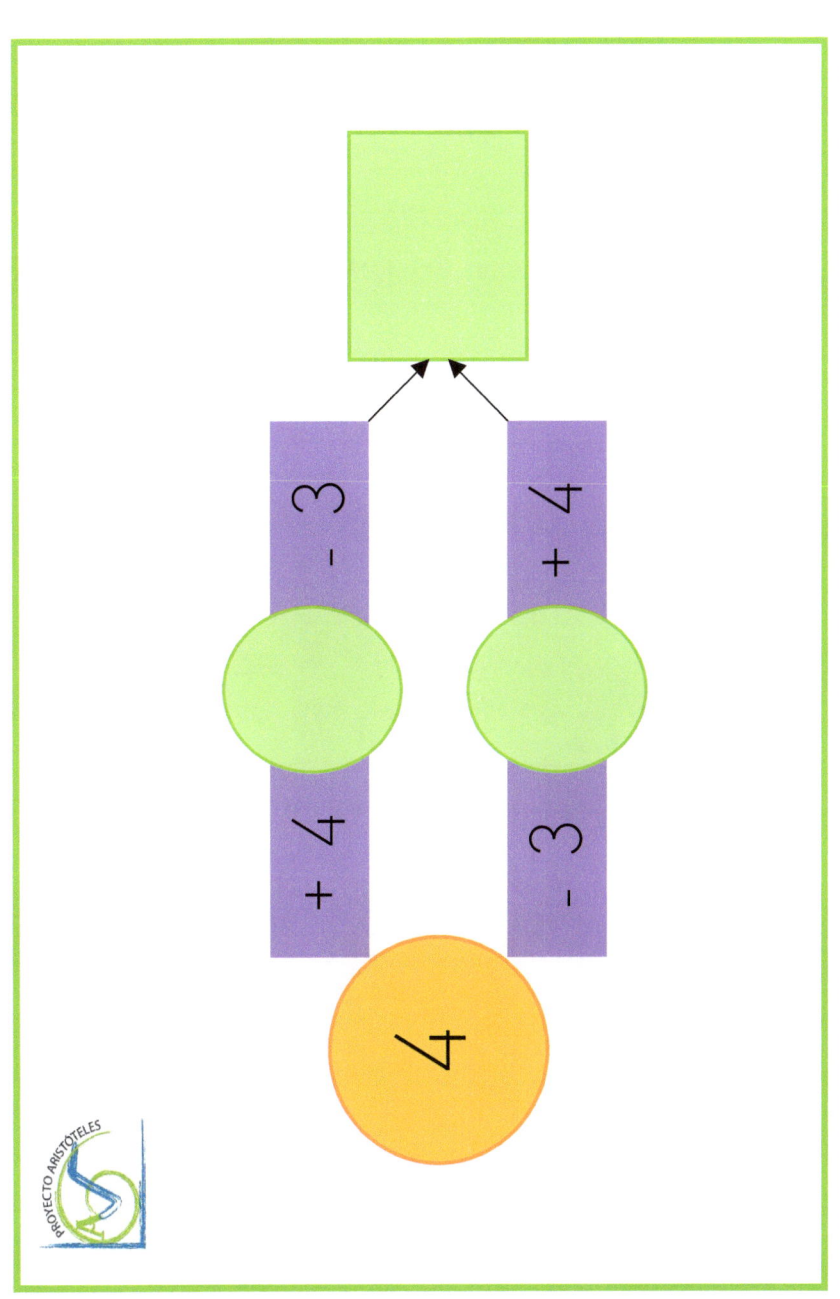

Suma los cuadrados de colores.

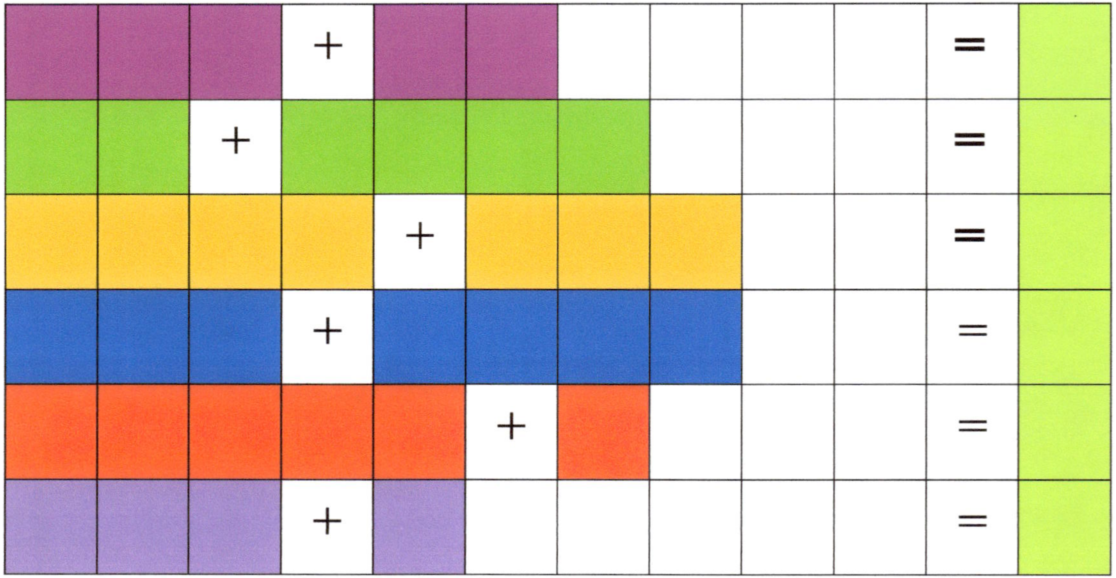

Suma.

19 │ +1 → ☐ +2 → ☐ +1 → ☐ +2 → ☐ +1 → ☐ +2 → ☐ +1 → ☐ +2 → ☐

5 │ +2 → ☐ +2 → ☐ +2 → ☐ +2 → ☐ +2 → ☐ +2 → ☐ +2 → ☐ +2 → ☐

Cuenta y responde a las preguntas.

Hay [ ] cuadrados.

Hay [ ] cuadrados.

Hay [ ] cuadrados.

Hay [ ] cuadrados.

Tacha 6 triángulos.

¿Cuántos triángulos quedan?

Tacha 3 círculos.

¿Cuántos círculos quedan?

Tacha 6 cuadrados.

¿Cuántos cuadrados quedan?

Representa lo indicado.

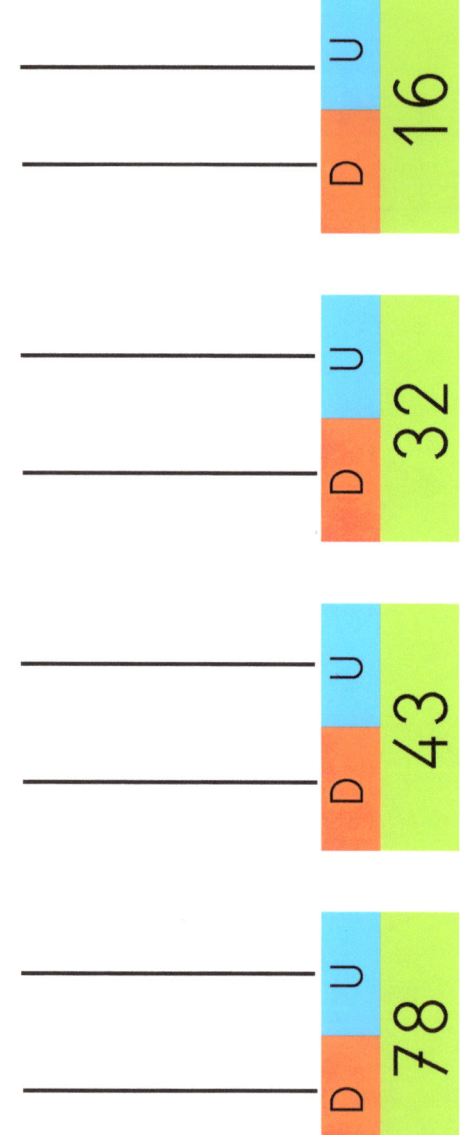

Completa dibujando el número de círculos necesario.

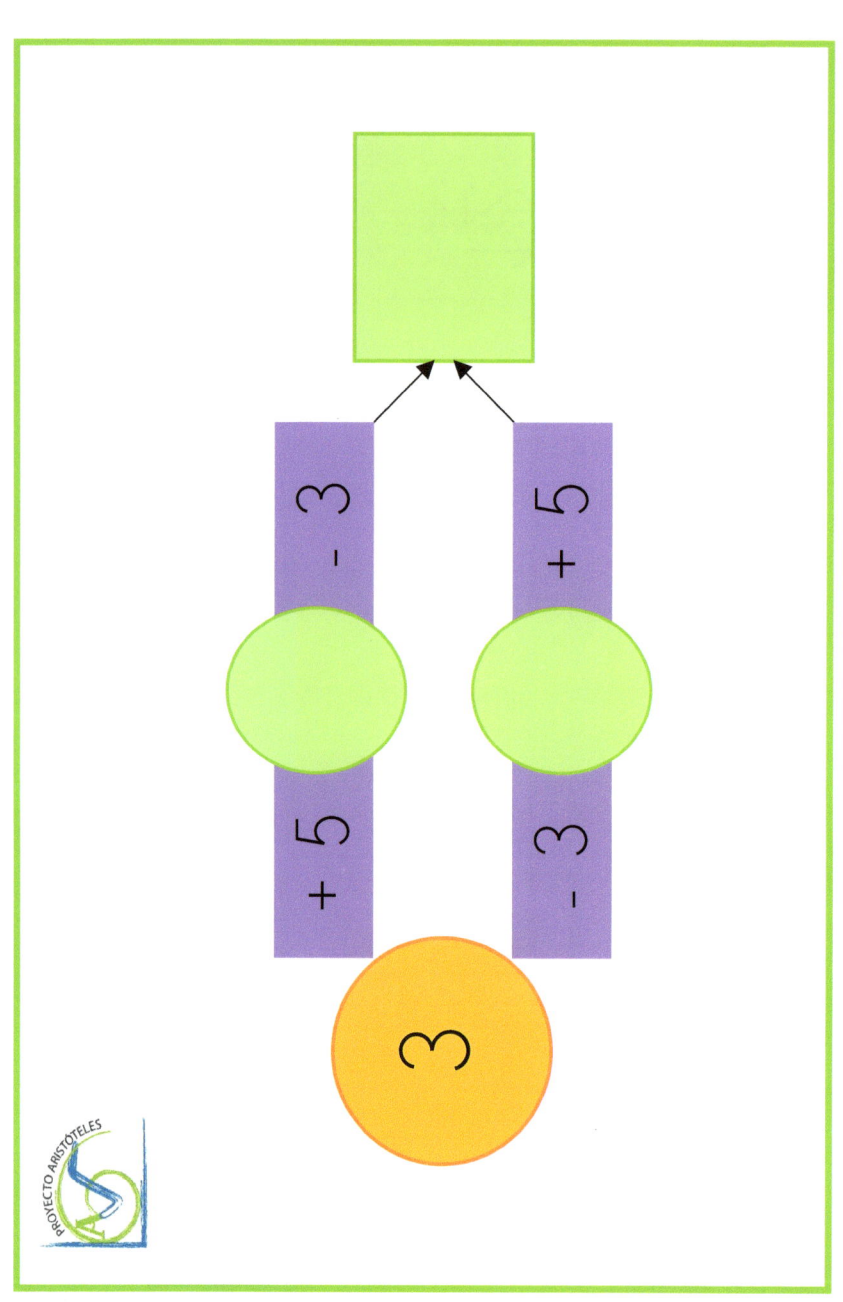

Suma los cuadrados de colores.

Suma.

| 17 | +1 | -2 | +1 | -2 | +1 | -2 | +1 | -2 |

| 23 | +2 | +2 | +2 | +2 | +2 | +2 | +2 | +2 |

Cuenta y responde a las preguntas.

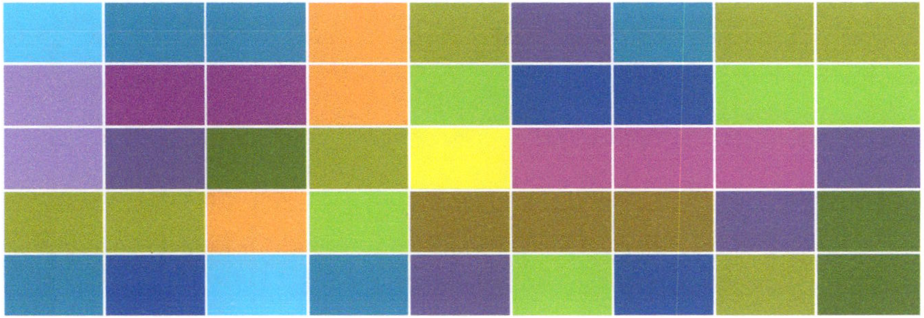

Hay ▢ cuadrados.

Hay ▢ cuadrados.

Hay ▢ cuadrados.

Hay ▢ cuadrados.

Representa lo indicado.

D	U
29	

D	U
85	

D	U
91	

D	U
36	

Completa dibujando el número de círculos necesario.

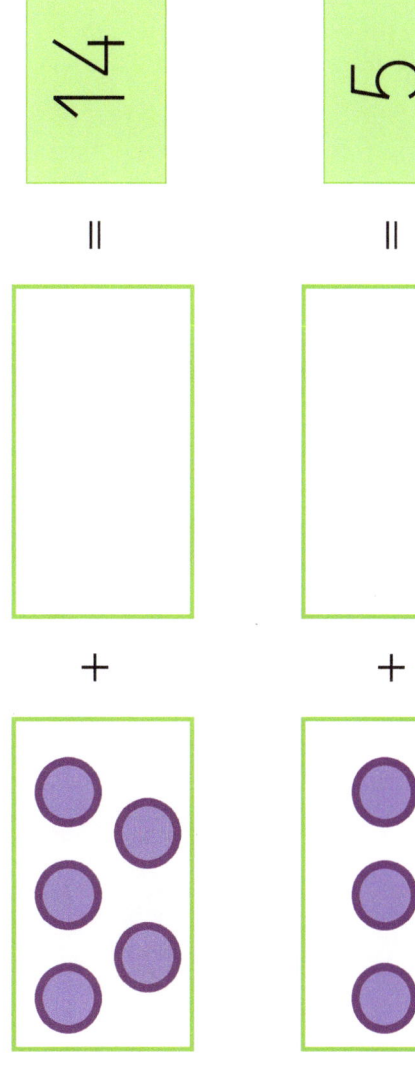

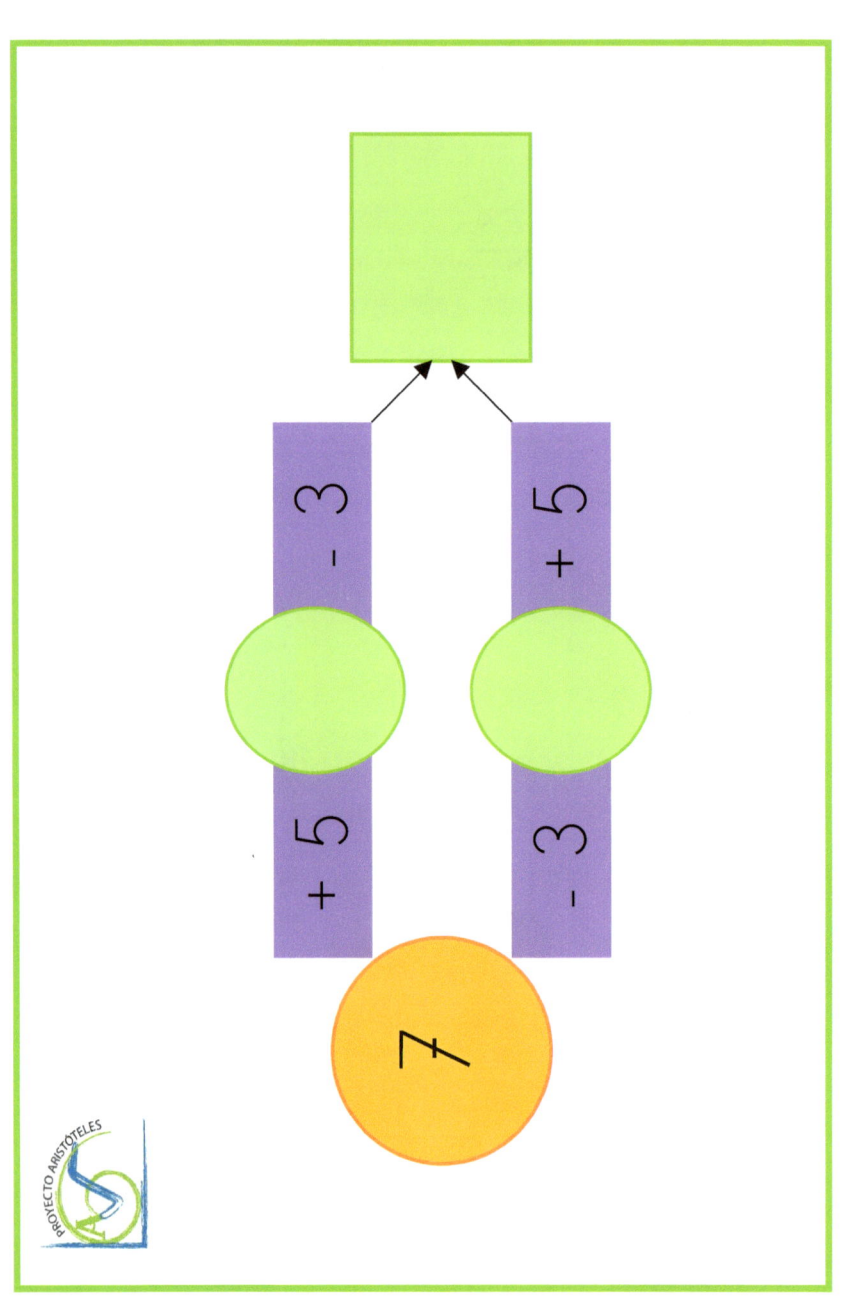

Suma los cuadrados de colores.

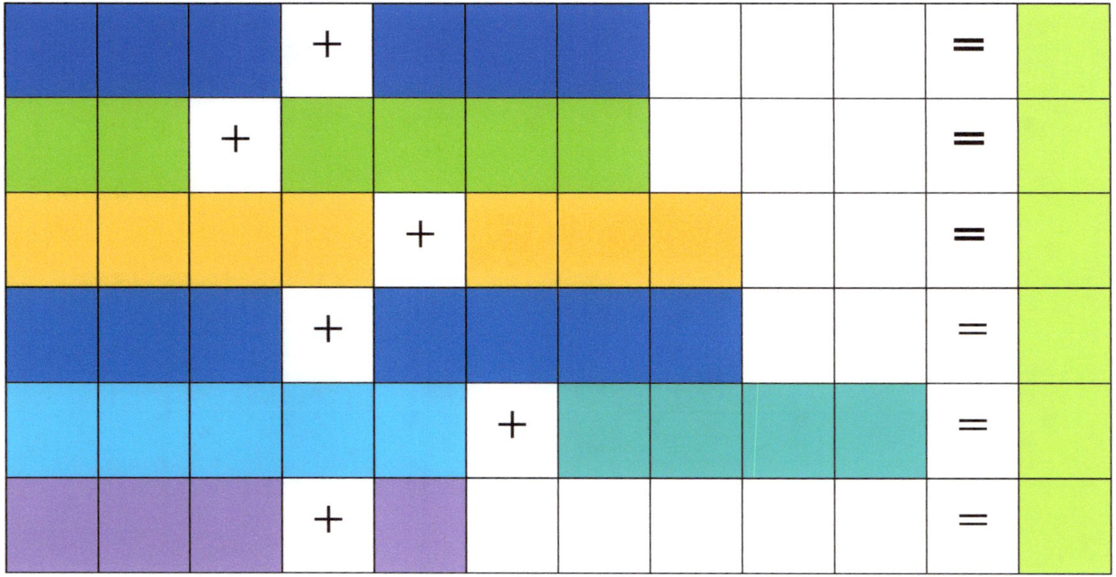

Suma.

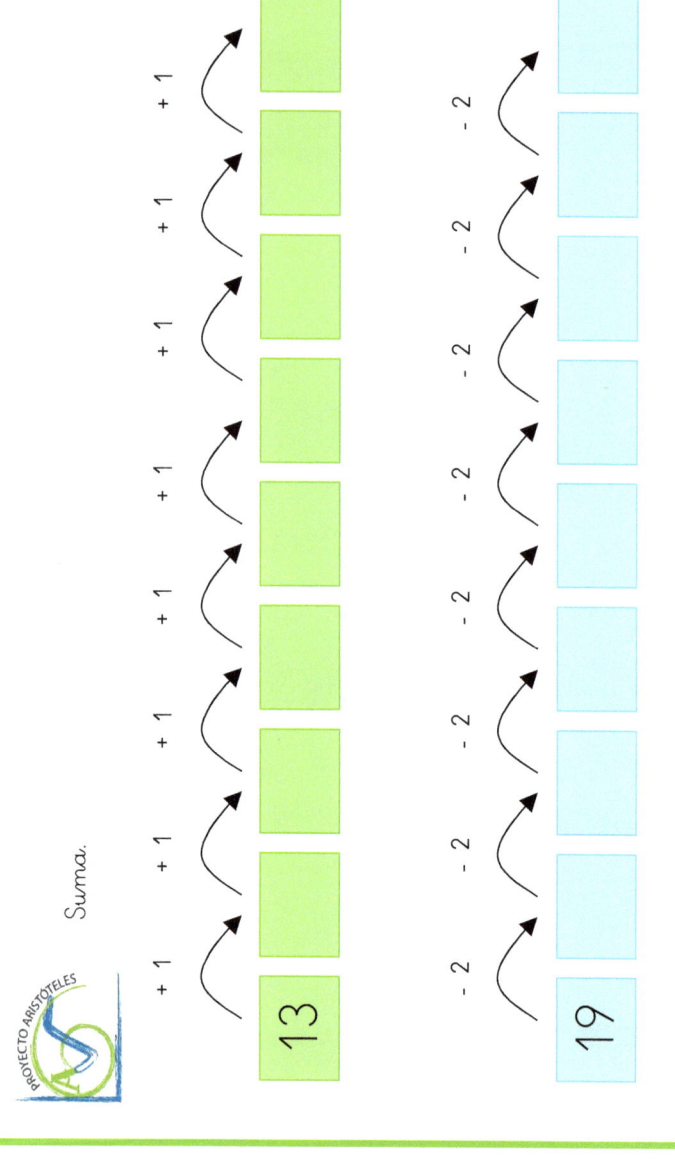

Cuenta y responde a las preguntas.

Hay ☐ cuadrados.
Hay ☐ cuadrados.

Hay ☐ cuadrados.
Hay ☐ cuadrados.

Representa lo indicado.

D	U
41	

D	U
57	

D	U
25	

D	U
18	

Completa dibujando el número de círculos necesario.

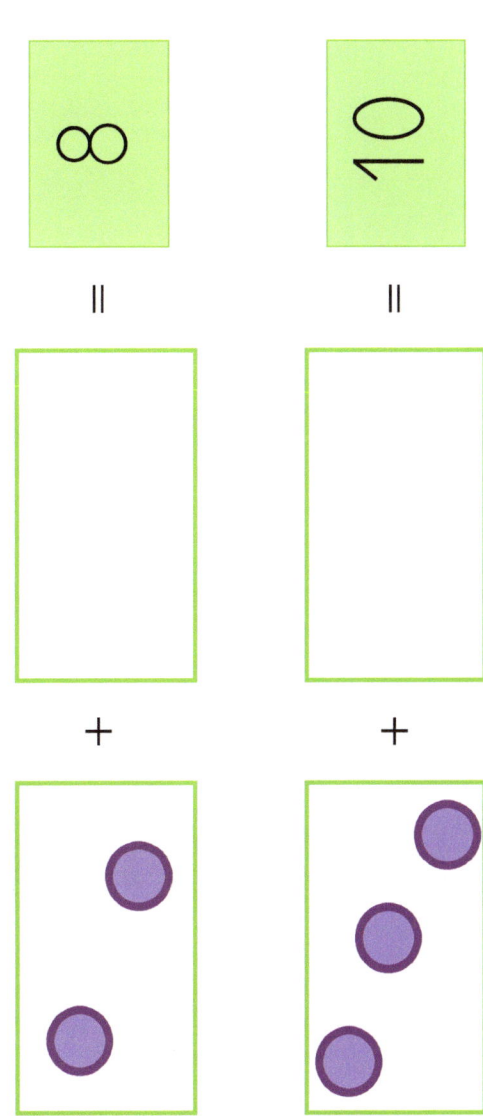

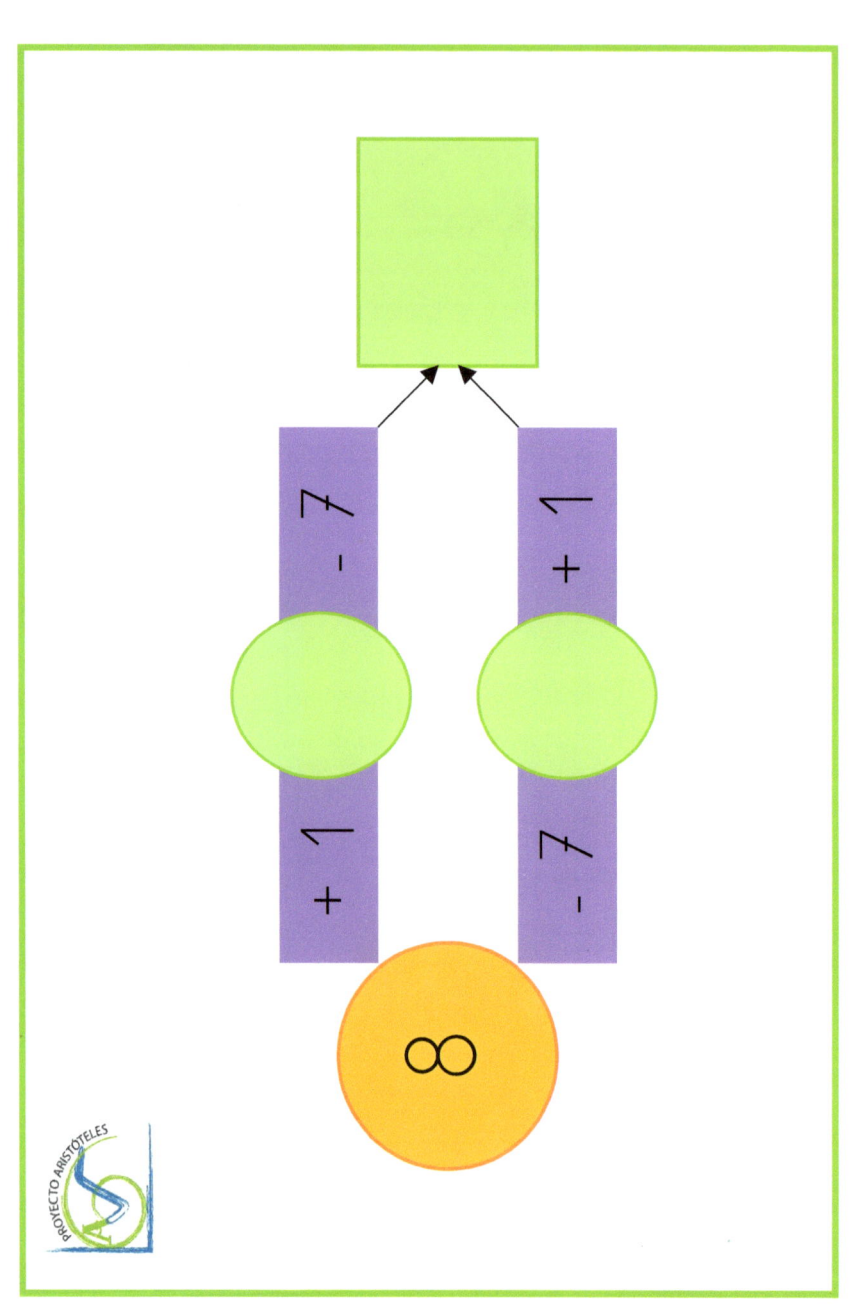

Suma los cuadrados de colores

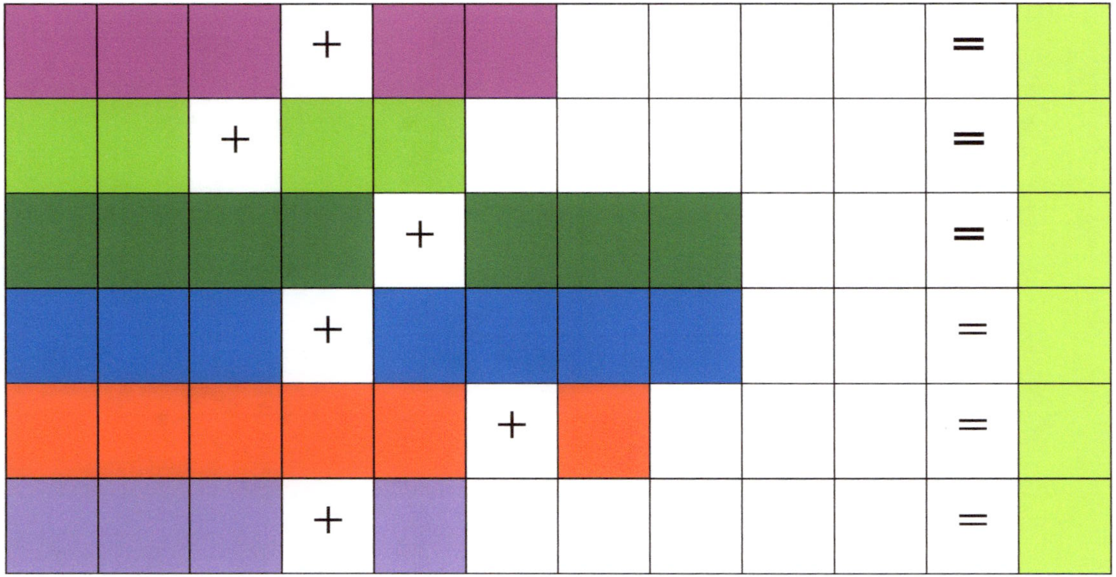

Suma.

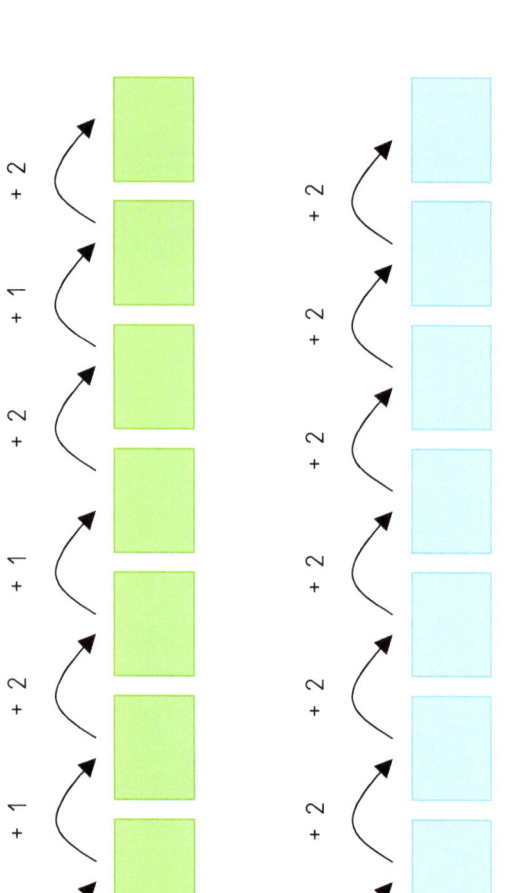

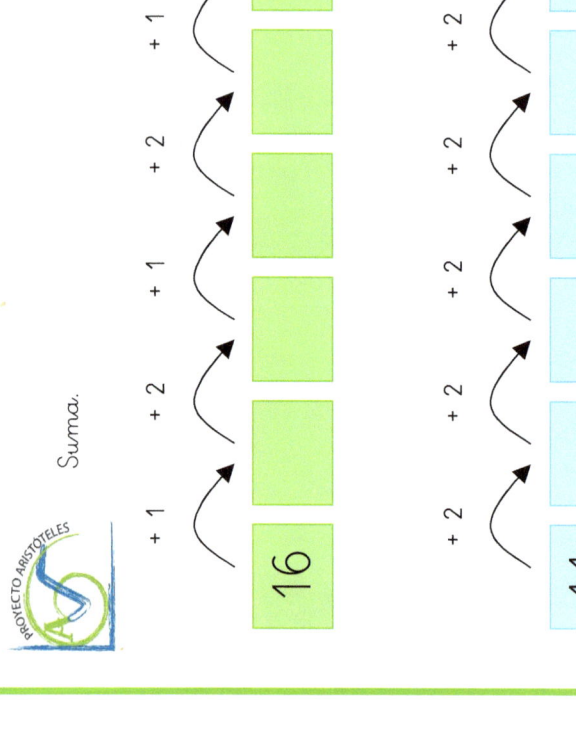

Cuenta y contesta a las preguntas.

Hay ☐ azules oscuros.

Hay ☐ grises.

Hay ☐ verdes oscuros.

Hay ☐ amarillos.

Representa lo indicado.

D	U
34	

D	U
68	

D	U
47	

D	U
21	

Completa dibujando el número de círculos necesario.

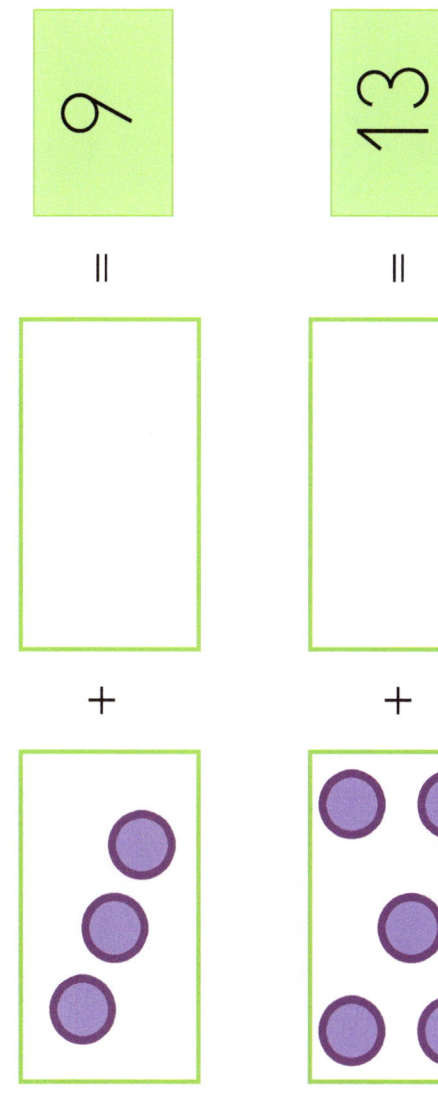

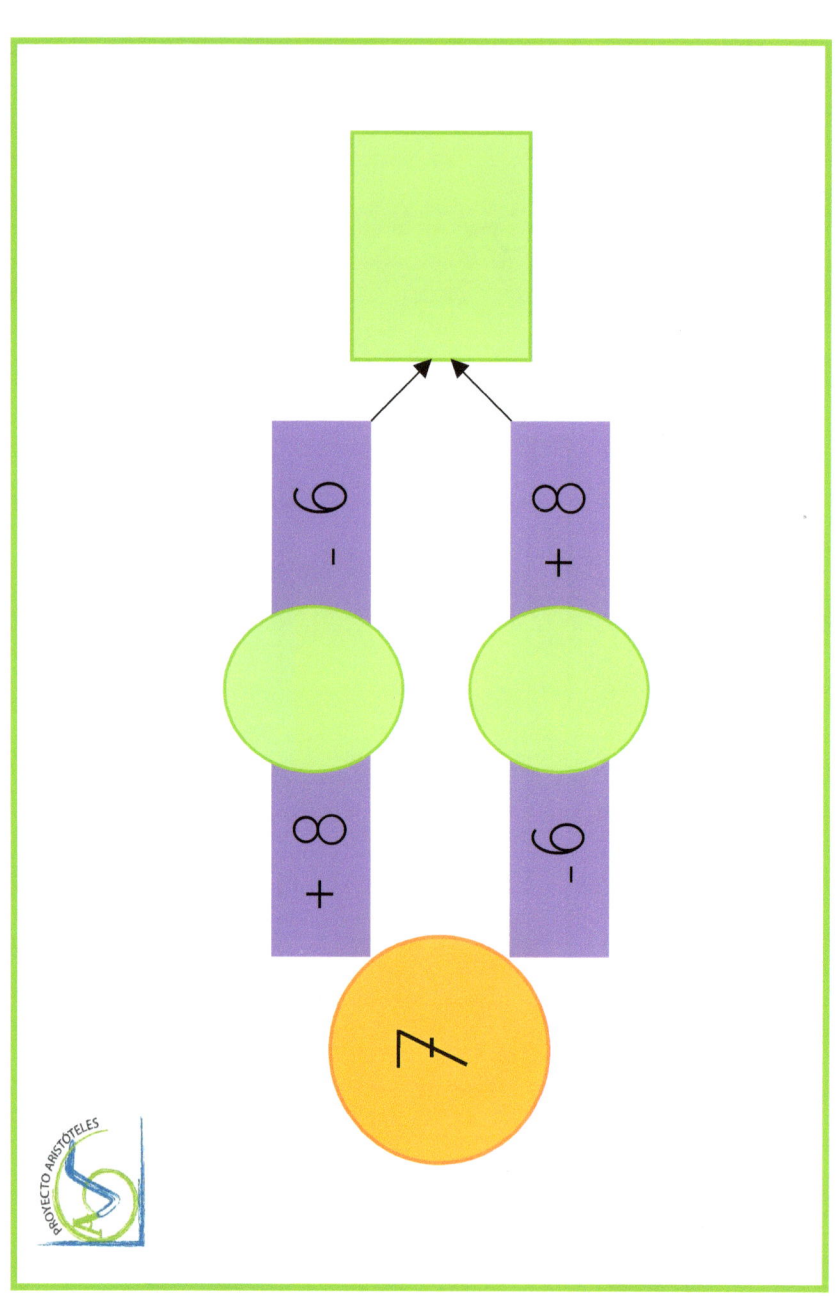

Suma.

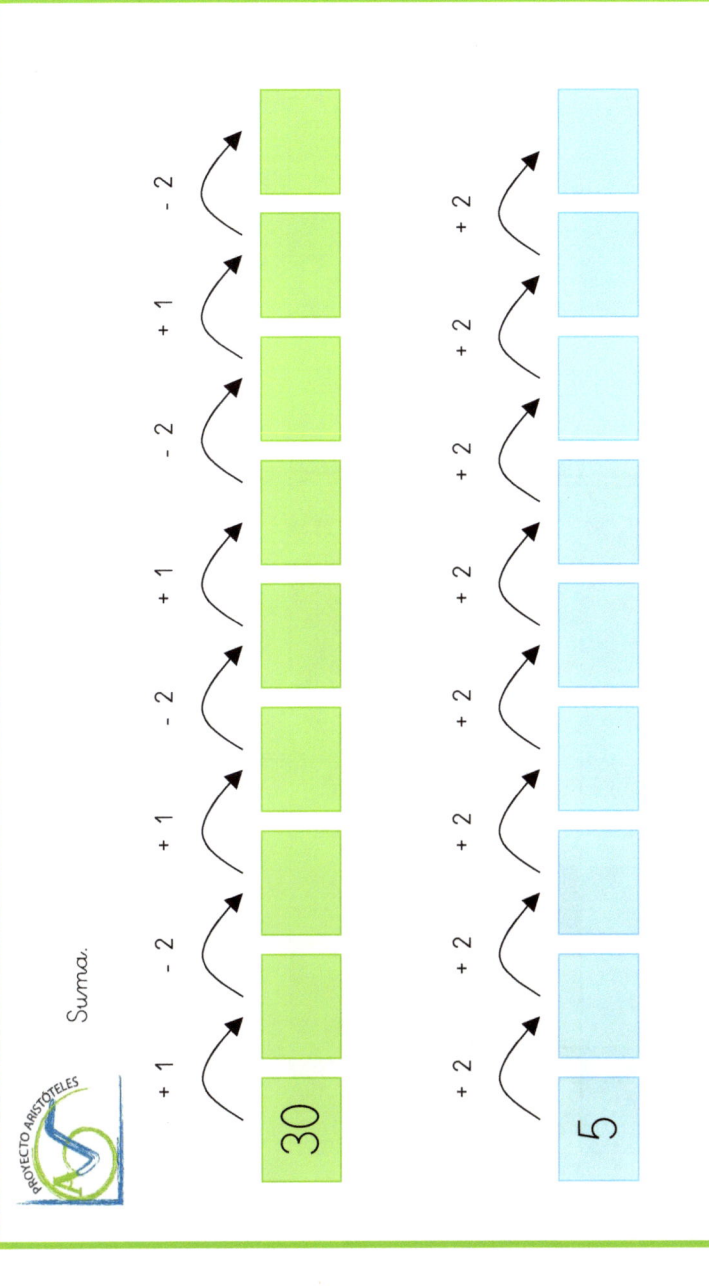

Cuenta y contesta a las preguntas.

Hay ☐ *amarillos.*

Hay ☐ *violetas.*

Hay ☐ *verdes claros.*

Hay ☐ *rojos.*

PROYECTO ARISTÓTELES

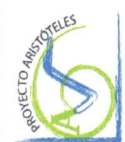

Representa lo indicado.

D	U
76	

D	U
95	

D	U
25	

D	U
49	

Completa dibujando el número de círculos necesario.

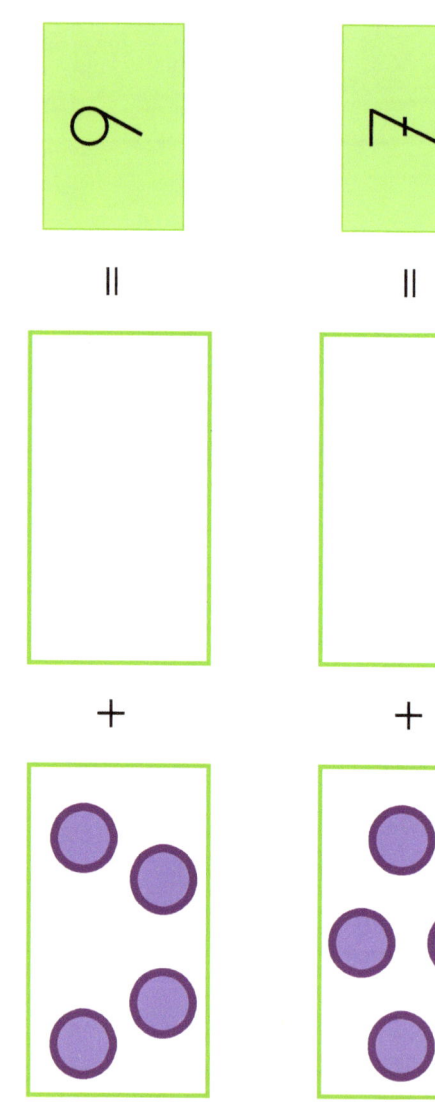

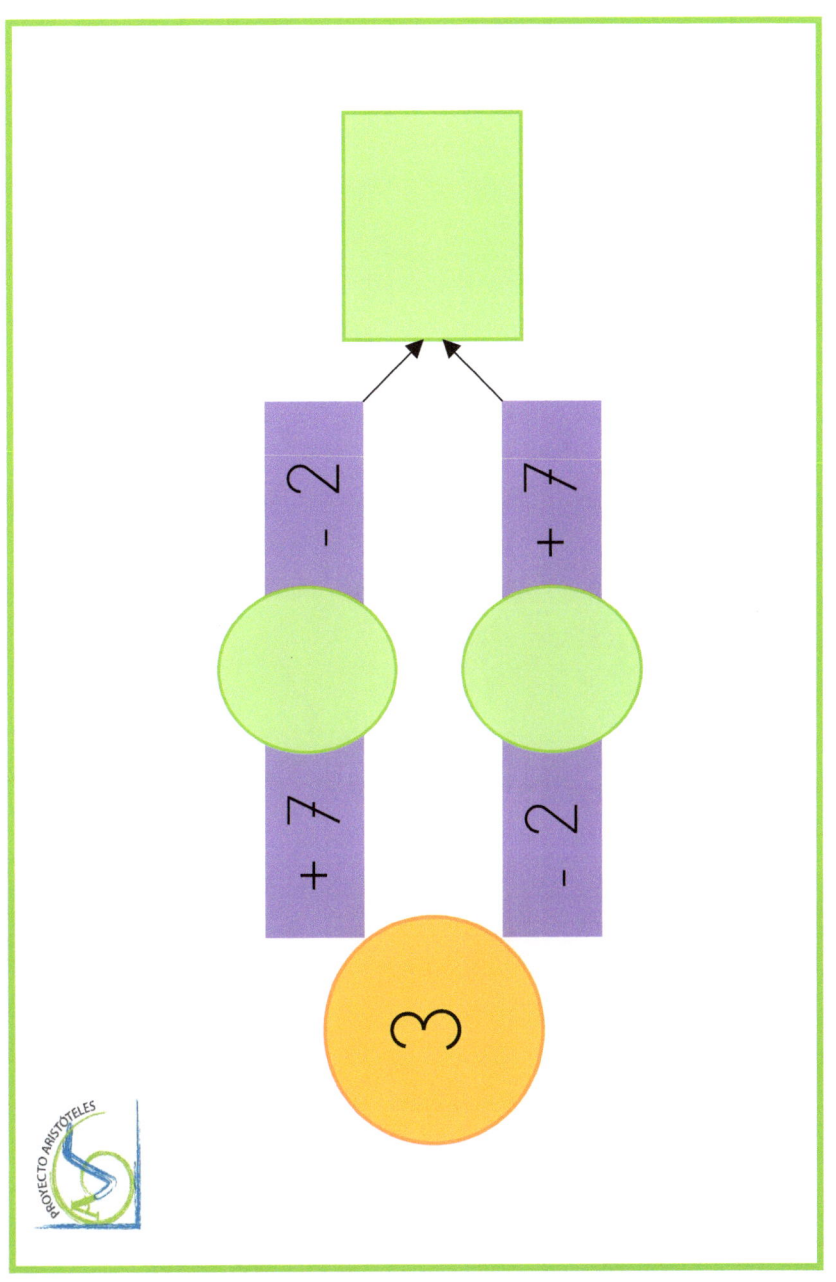

Suma.

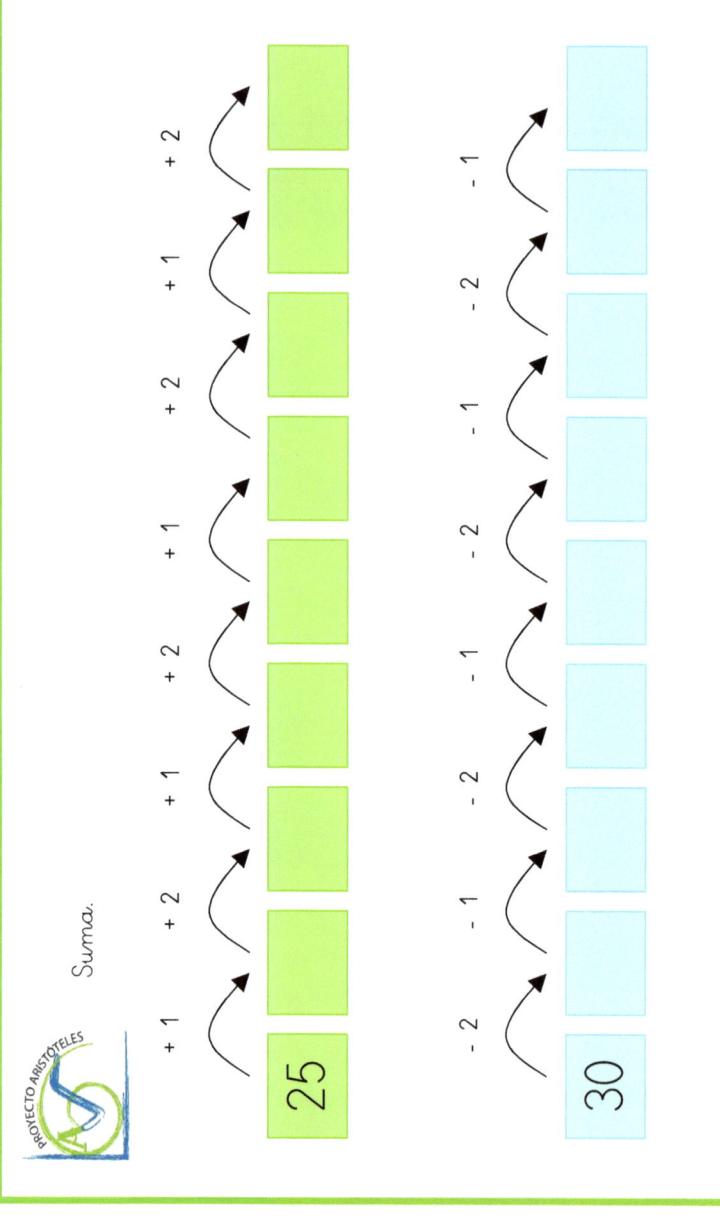

Representa lo indicado.

D	U
53	

D	U
81	

D	U
13	

D	U
48	

Completa dibujando el número de círculos necesario.

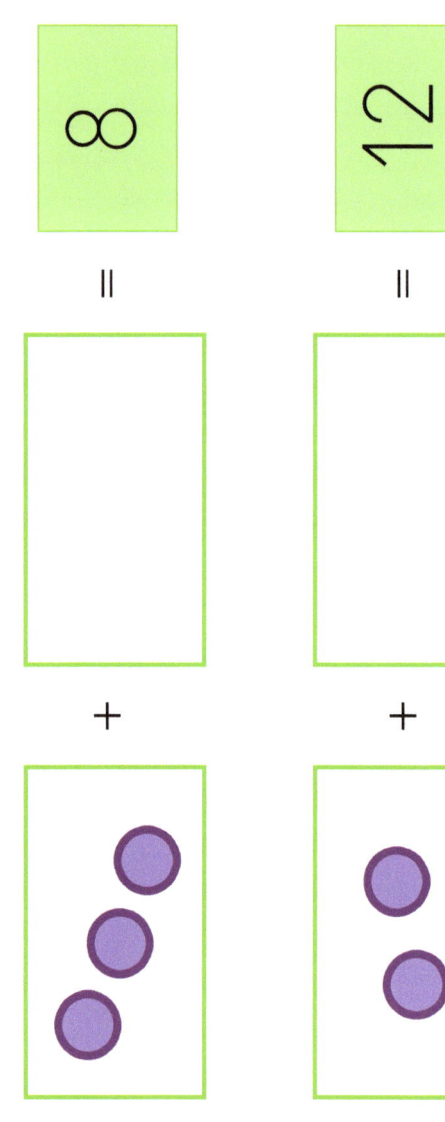

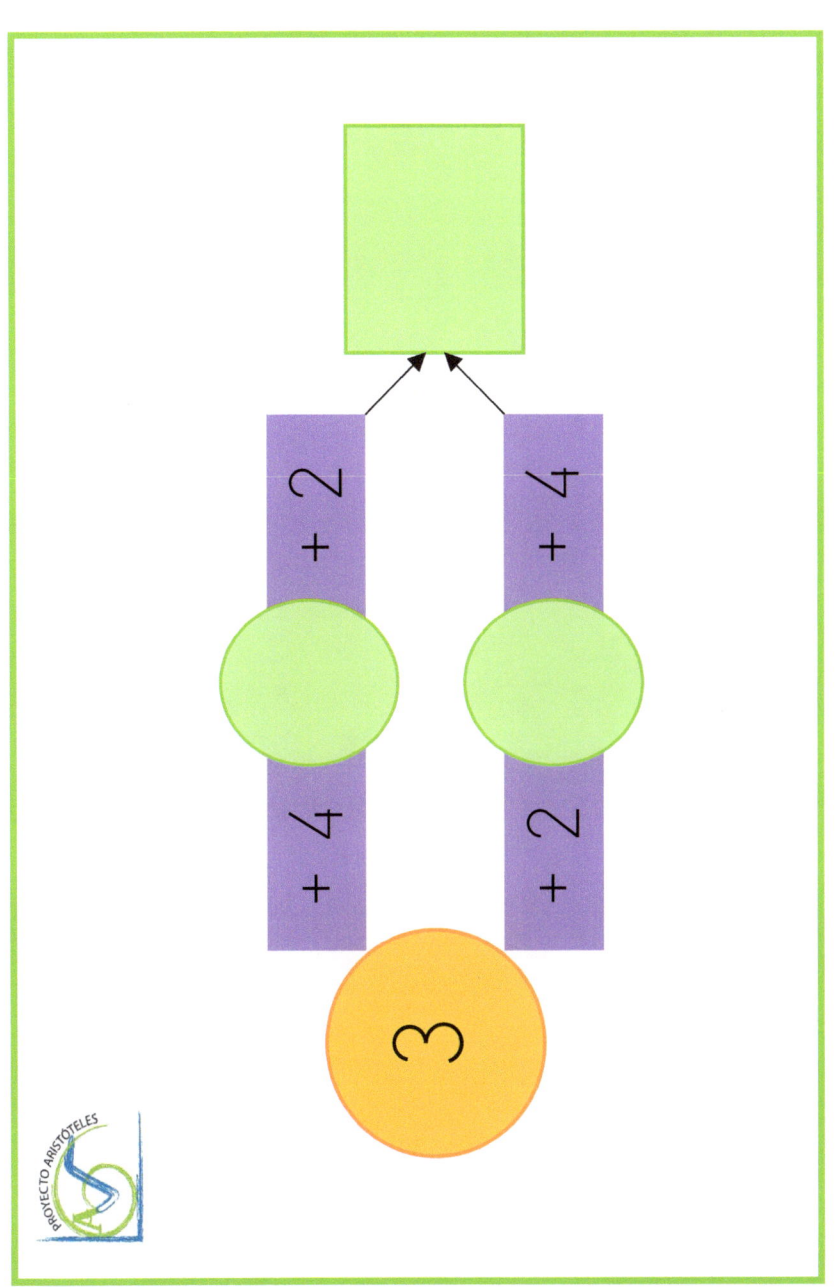

Suma.

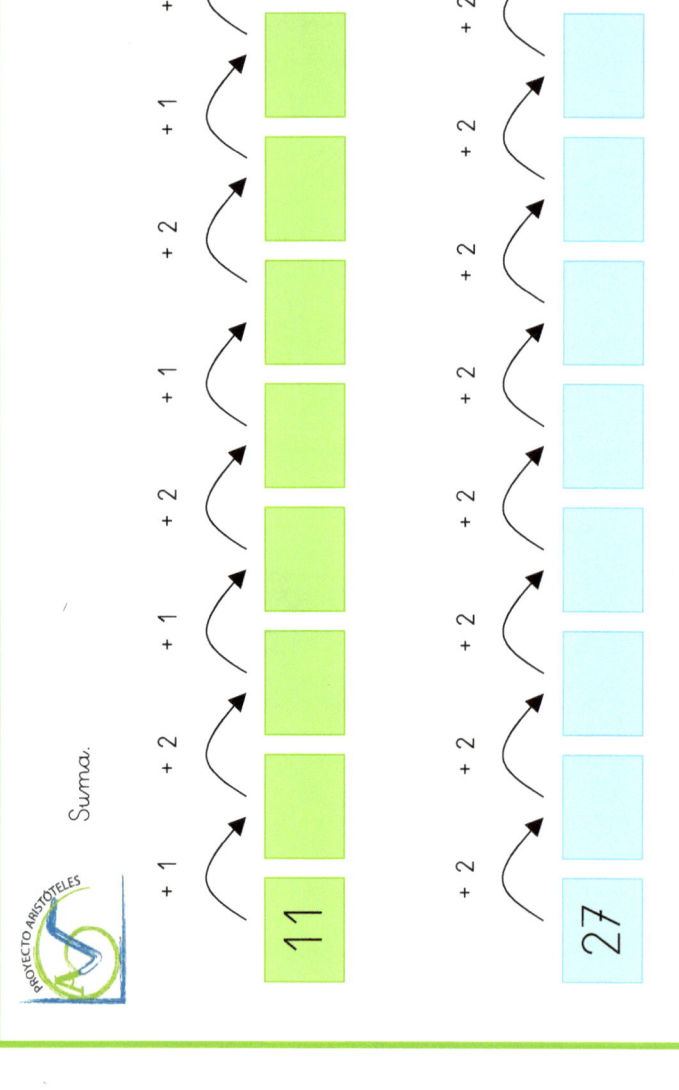

Representa lo indicado.

D	U
72	

D	U
25	

D	U
39	

D	U
68	

Completa dibujando el número de círculos necesario.

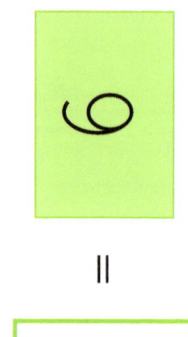

=

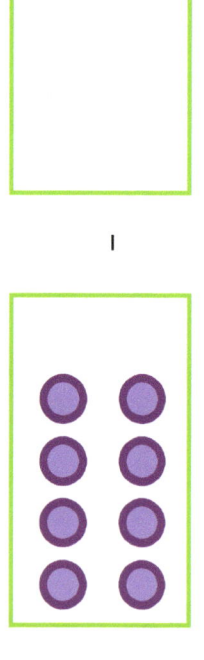

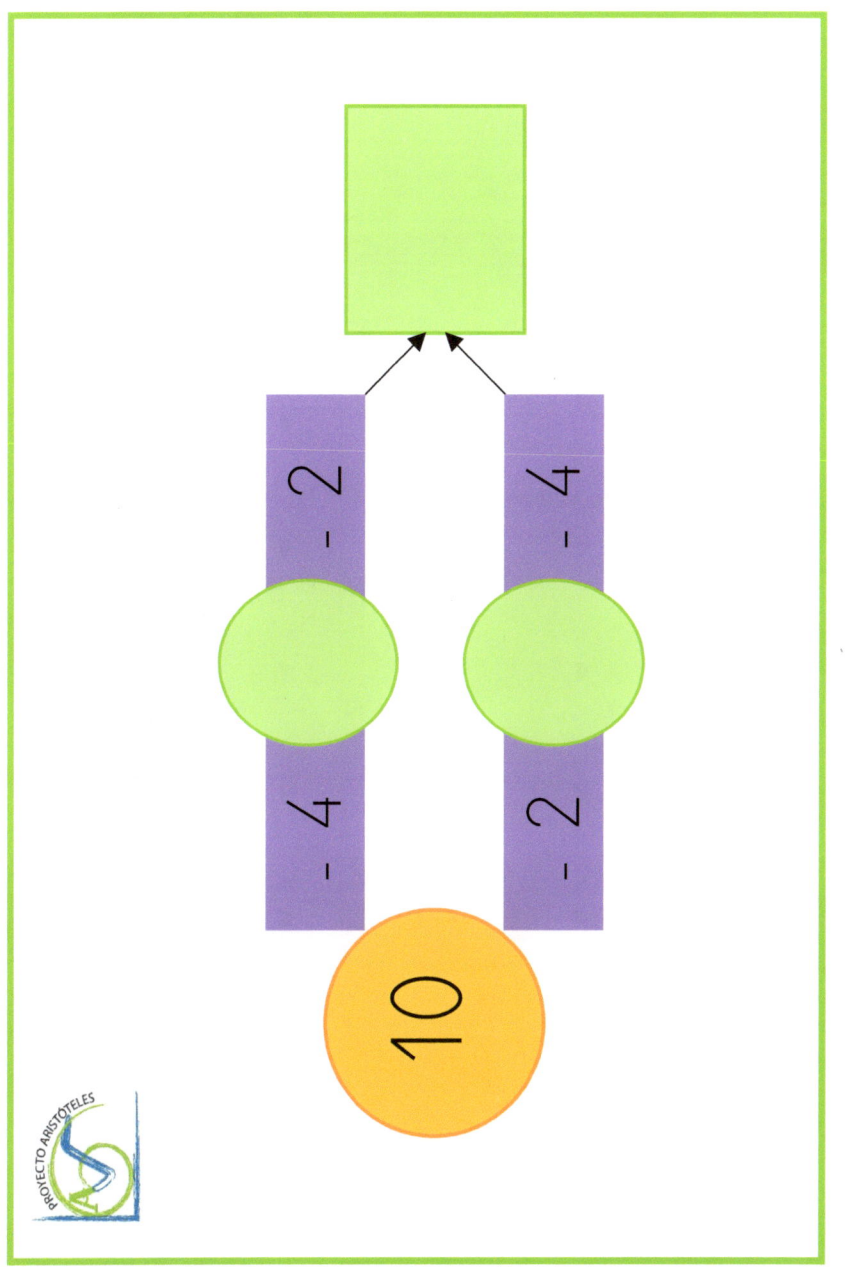

Suma.

17 → +1 → → -2 → → +1 → → -2 → → +1 → → -2 → → +1 → → -2 →

13 → +2 → → +2 → → +2 → → +2 → → +2 → → +2 → → +2 → → +2 →

Representa lo indicado.

D	U
85	

D	U
22	

D	U
34	

D	U
56	

Completa dibujando el número de círculos necesario.

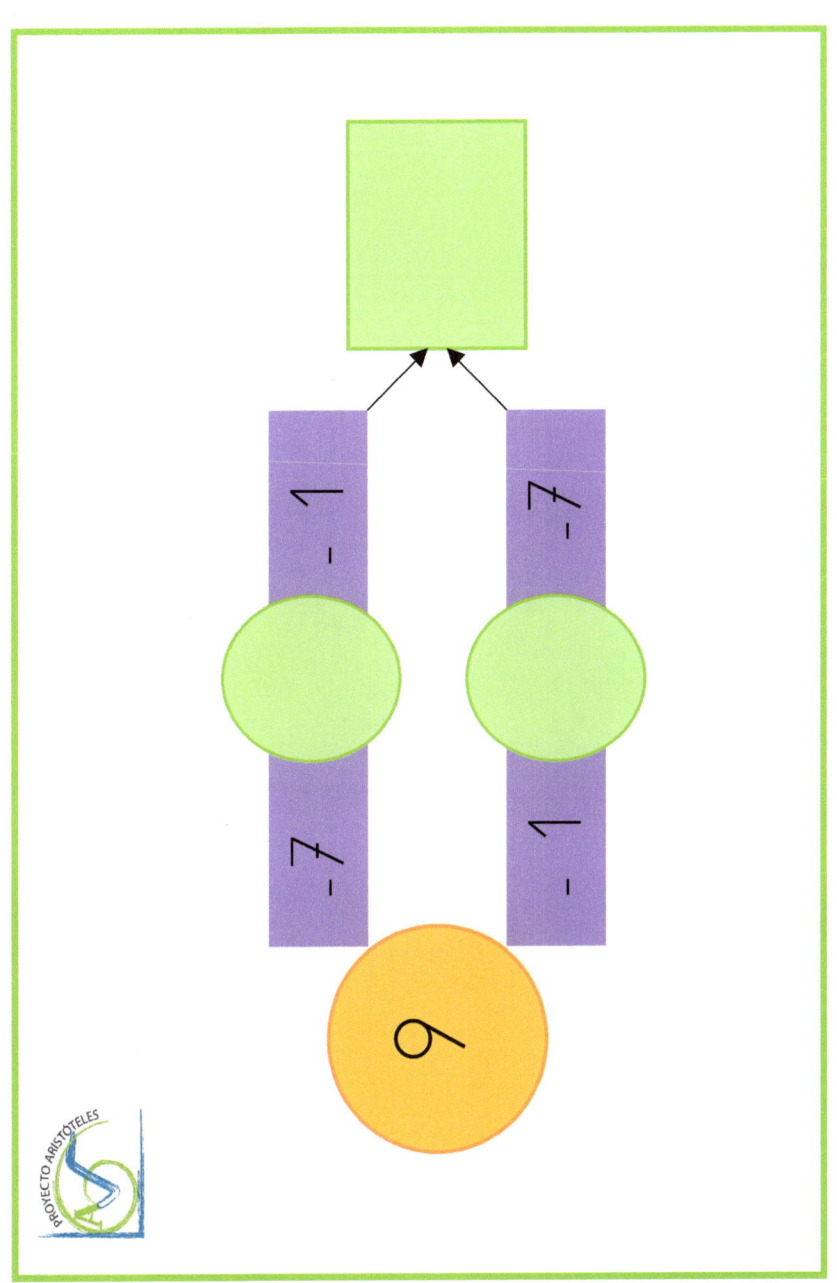

PROYECTO ARISTÓTELES

Suma.

	+ 1	- 2	+ 1	- 2	+ 1	- 2	+ 1	- 2
24								

	+ 2	+ 2	+ 2	+ 2	+ 2	+ 2	+ 2	+ 2
10								

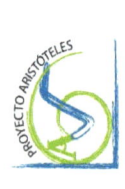

Representa lo indicado.

D	U
23	

D	U
91	

D	U
49	

D	U
37	

Completa dibujando el número de círculos necesario.

Suma.

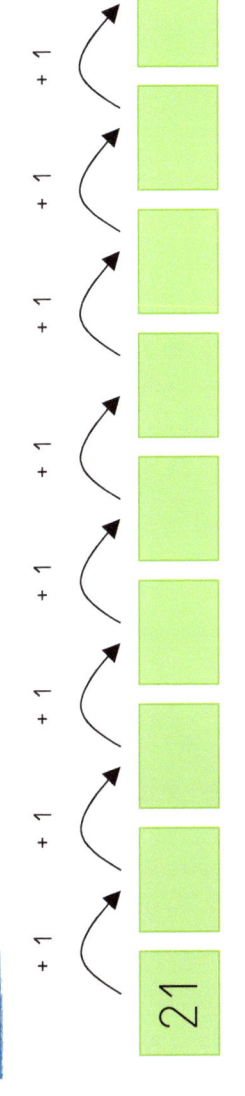
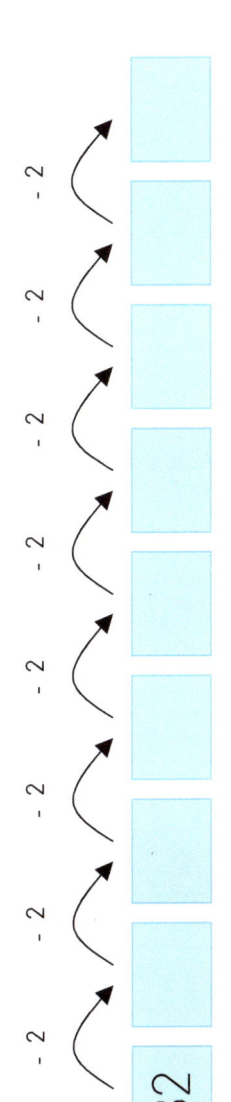

Completa dibujando el número de círculos necesario.

Suma.

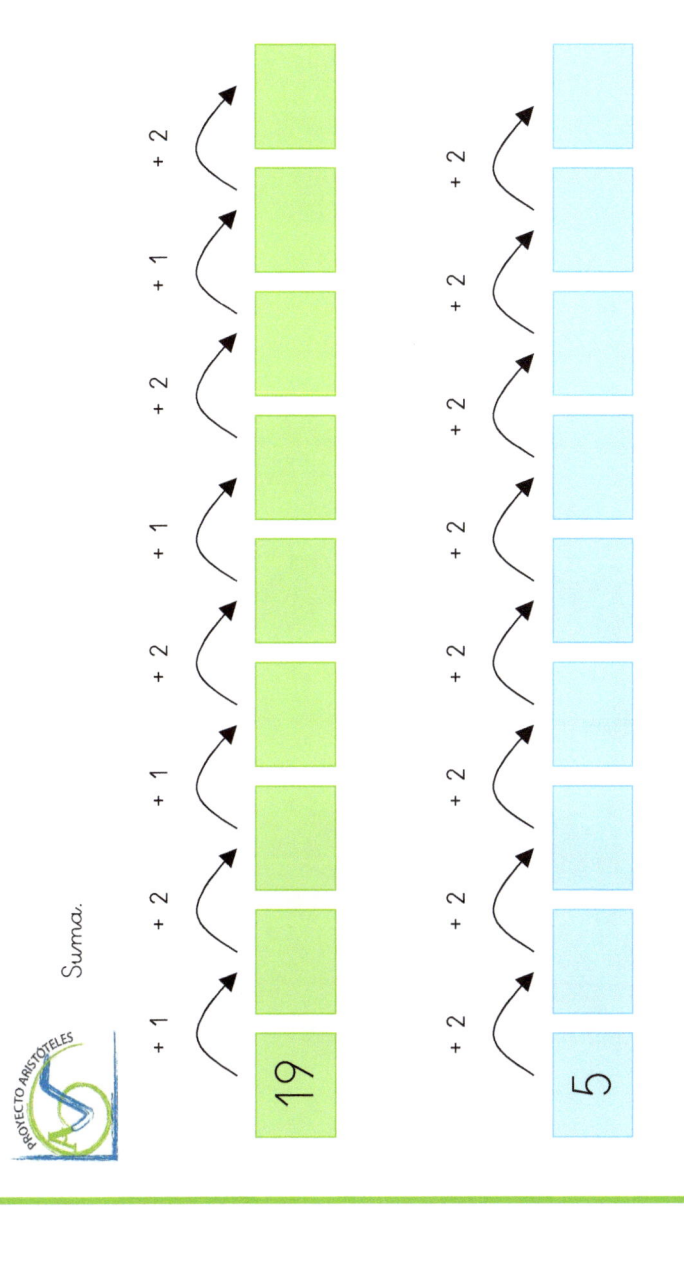

Completa dibujando el número de círculos necesario.

Completa dibujando el número de círculos necesario.

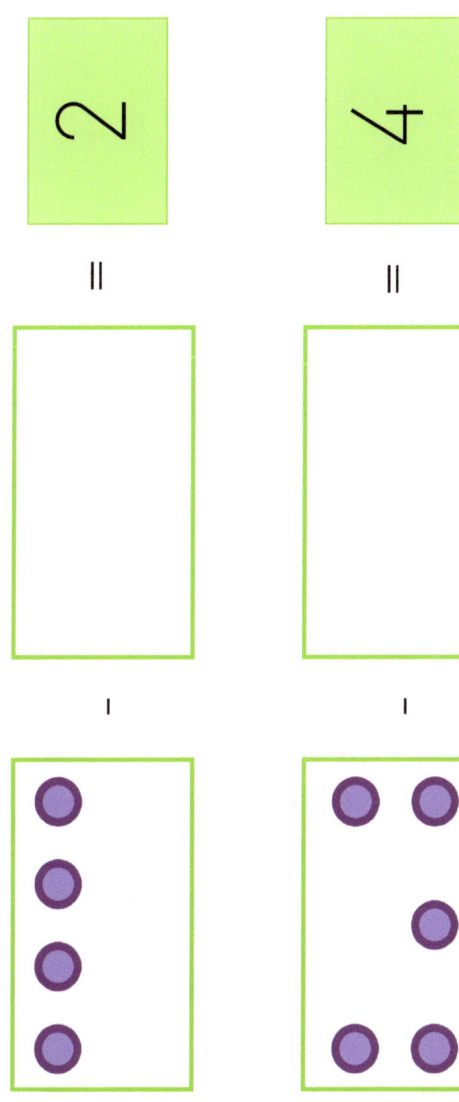

Completa dibujando el número de círculos necesario.

3 =

6 =

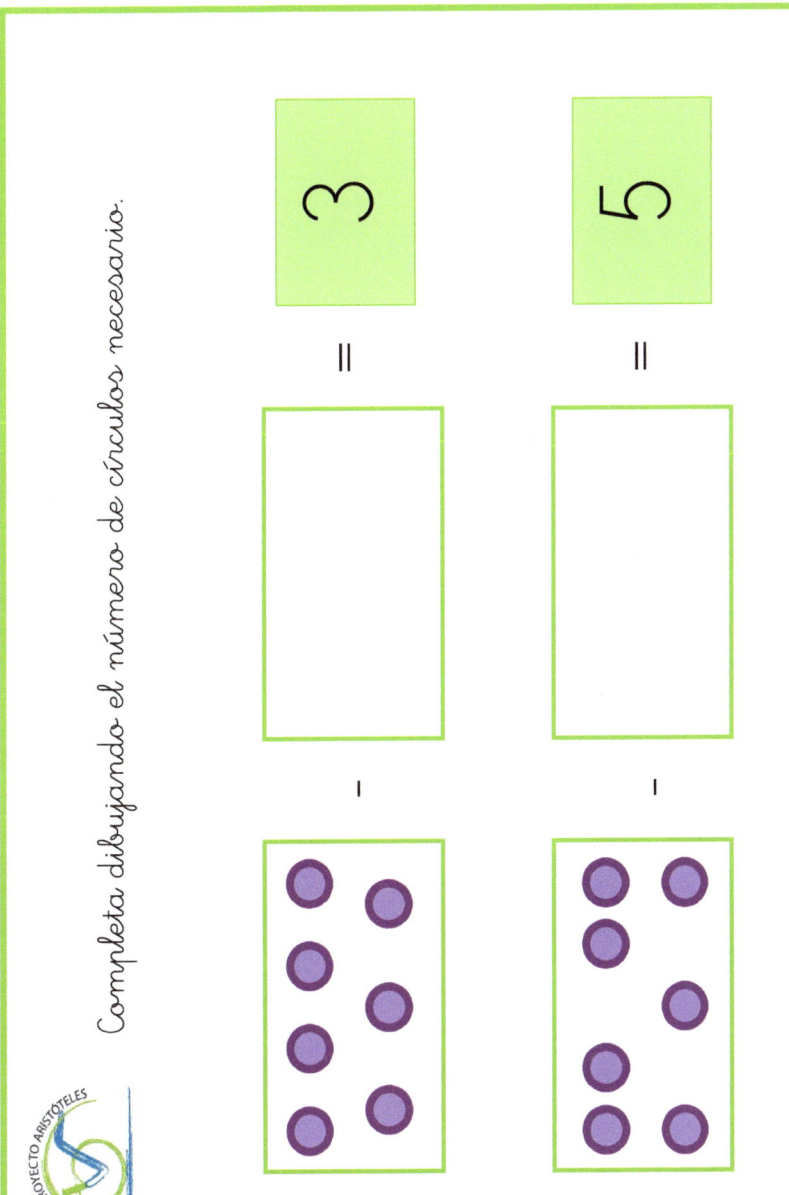

Completa dibujando el número de círculos necesario.

Completa dibujando el número de círculos necesario.

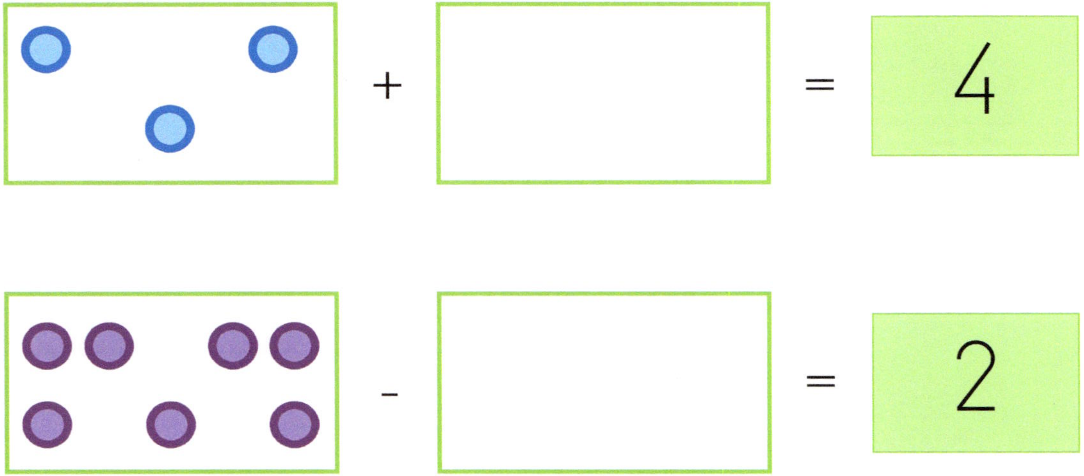

○○○ + ▢ = **4**

●●● ●●● ●● − ▢ = **2**

Completa dibujando el número de círculos necesario.

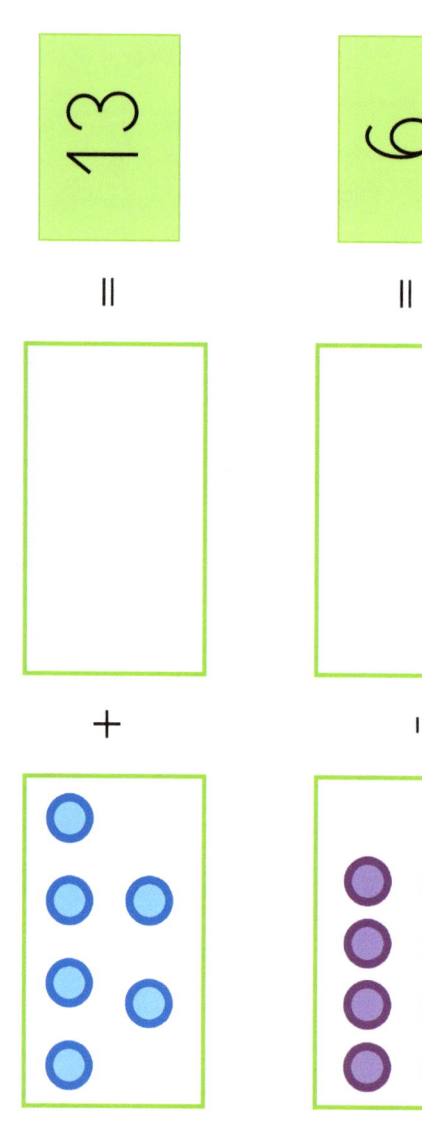

www.ingramcontent.com/pod-product-compliance
Lightning Source LLC
Chambersburg PA
CBHW040810200526
45159CB00022B/138